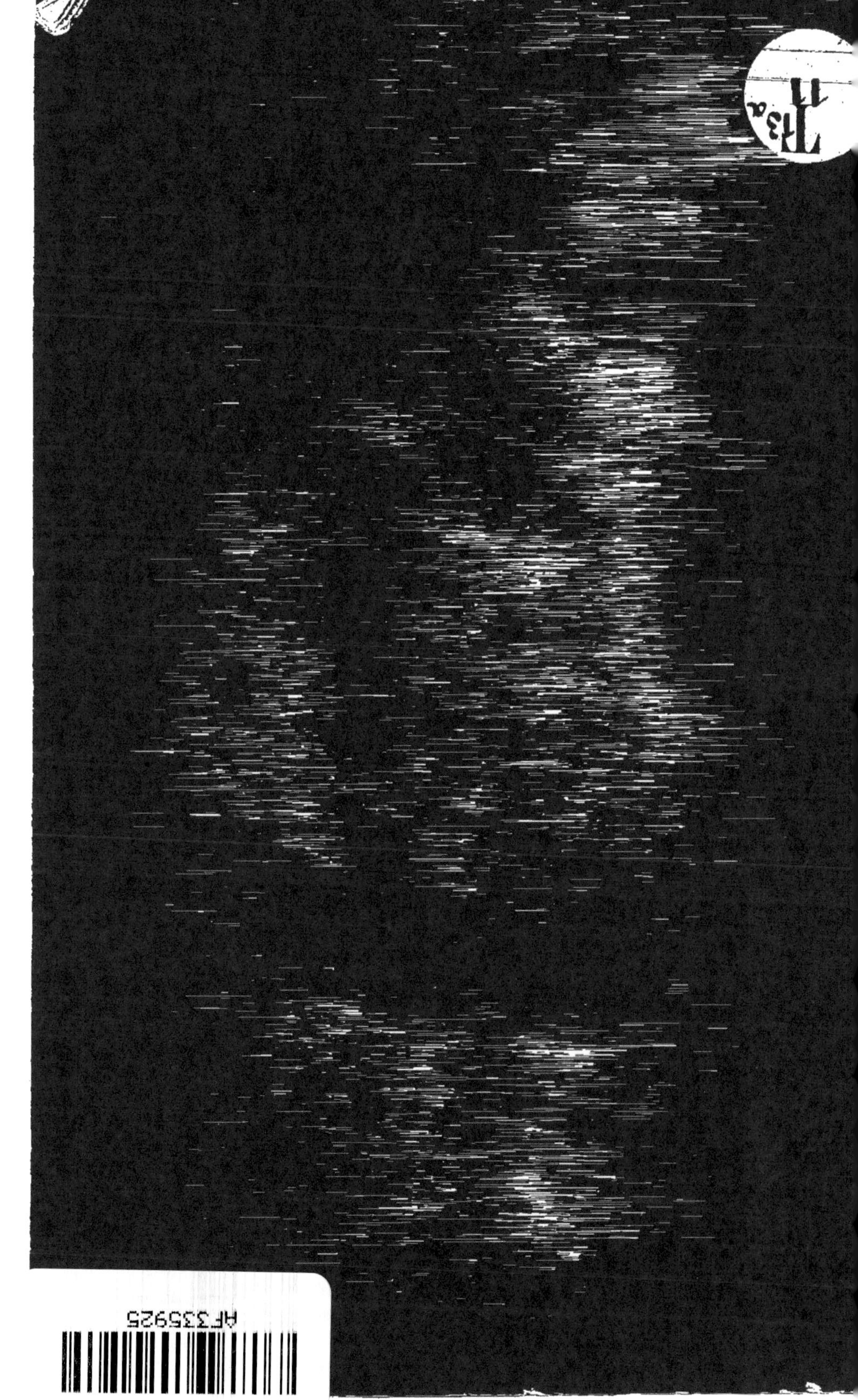

CONFÉRENCE

SUR

L'ANATOMIE DES FORMES HUMAINES

FAITE AU CERCLE ARTISTIQUE

Le 28 Décembre 1867

PAR

LE Dr S.-E. MAURIN

Secrétaire général de la Société de Statistique,
Médecin du Dispensaire Central.

MARSEILLE

TYPOGRAPHIE V° MARIUS OLIVE

RUE PARADIS, 68

—

1868

CONFÉRENCE

SUR

L'ANATOMIE DES FORMES HUMAINES

MESSIEURS,

Le vulgaire pourrait s'offenser de voir un médecin s'occuper d'esthétique; je comprends moins les peintres qui refusent à la médecine toute immixtion dans leur domaine, et je veux m'efforcer de détruire cette double hérésie des artistes et des profanes.

Le peintre et le médecin ont dans leurs études un point de corrélation qui échappe à l'esprit superficiel, mais que l'homme profond saisit. Le peintre et le médecin scrutent les formes humaines : celui-ci pour découvrir sur l'enveloppe extérieure les signes sensibles d'affections internes cachées, celui-là pour reproduire les traits harmonieux du chef-d'œuvre de la création.

Ce point de corrélation entre les deux arts serait bien tangentiel si là devaient se borner les études communes ; mais le peintre n'a pas seulement à représenter les lignes extérieures du corps, il doit étudier les bouleversements que ces lignes subissent par le fait des passions, des tempéraments, des races, de l'accomplissement anormal des fonctions; et comment acquerrait-il ces notions primesautières pour la représentation du vrai, s'il n'appelait à son aide la psychologie médicale, l'ethnologie, la physiologie, branches importantes de la médecine ?

Vous le voyez, Messieurs, le temps n'a pas détruit les liens de parenté des Muses : elles sont toujours sœurs et se donnent volontiers la main.

S'il existait des profanes dans cette assemblée; s'il était des hommes vulgaires qui ne comprissent point l'alliance réciproque de la peinture et de la médecine, je les renverrais à un schématisme grossier qui convaincrait leur esprit lourd ; je leur montrerai la médecine pratique progressant avec l'anatomie, et la marche de cette grande science liée elle-même aux perfectionnements de l'art iconographique.

Mais vous, artistes, vous concevrez mieux l'amour des médecins pour les chefs-d'œuvre des Raphaël et des Michel-Ange, lorsqu'ils vous auront dit qu'ils ne peuvent se rassasier d'admirer : dans les premiers l'expression des sentiments les plus doux du cœur humain, dans les autres la variabilité infinie du modelé du corps et l'énergique reproduction des passions les plus violentes.

Cette méditation sur les œuvres d'art a paru si indispensable aux médecins célèbres de toutes les époques, que l'on retrouve même dans les œuvres de l'émule de Galien, dans les œuvres de Julien, la question de l'étude nécessaire des chefs-d'œuvre artistiques pour le médecin, posée et résolue dans le sens affirmatif.

Et il y a quelque vingt ans, l'illustre et vénérable doyen de la Faculté de médecine de Montpellier, M. Lordat, publiait à ce sujet un livre des plus remarquables, fait dans des circonstances que je suis bien aise de vous rappeler pour démontrer que l'art a su, au moment critique, trouver chez des médecins de vaillants défenseurs.

La Faculté de médecine de Montpellier possède une superbe collection de camaïeux, de dessins de maîtres; les

Carraches, les Puget : tous les maîtres du Midi y sont représentés.

Le gouvernement aurait bien désiré *centraliser* ces objets d'art d'une incomparable valeur. Paris se serait satisfait ; le musée Fabre se serait contenté du reste. La Faculté aurait joui de la place laissée vide par le déménagement. Mais le vénérable professeur Lordat, alors âgé de soixante-douze ans, demanda huit jours de répit, et, en ces huit jours, il rédigea, sous le titre d'*Iconologie médicale*, un tel plaidoyer en faveur de la nécessité de l'étude des œuvres d'art pour le médecin, que force resta à l'intelligence, et la Faculté possède encore aujourd'hui la remarquable collection que j'engage mes lecteurs à visiter.

Si les médecins sont à ce point amateurs des belles productions, c'est qu'ils considèrent la peinture comme un art soumis en partie à des principes élémentaires tirés de quelques sciences médicales. Et, en ce qui concerne les formes humaines surtout, ils ont certainement raison.

Ingres, dit-on, affectait de fuir les cours d'anatomie des formes, parce qu'il ne pouvait se résoudre à fixer les yeux sur le squelette appendu à côté du professeur. — Mon Dieu ! je veux bien croire que cette affectation était le résultat d'une horreur instinctive ; mais tous les grands hommes ont de ces horripilations dont le bon sens de tous doit faire justice et que l'on serait malavisé à prendre pour modèle à suivre.

Reculerez-vous devant la vue d'une charpente d'édifice ? Et qu'est-ce que le squelette, sinon la charpente de l'édifice humain ? charpente soigneusement étudiée, dont tous les angles, toutes les crêtes, toutes les lignes courbes ont une raison d'être. Winckelmann, dans son bel ouvrage sur *le Sentiment du Beau*, nous apprend que les anciens avaient érigé en loi la proscription de tous les objets qui pourraient inspirer de l'horreur ou du dégoût ; mais ils avaient eu soin de ne pas condamner à l'ostracisme le squelette humain ; ils l'ont même reproduit souvent dans les monuments qui rappellent la fable de Prométhée : Montfaucon cite diverses pierres où l'on voit Prométhée commencer par faire un squelette pour construire un homme.

Cette allégorie est d'une grande justesse au point de vue médical comme au point de vue de l'art. Vouloir connaître ou représenter l'homme sans étudier minutieusement le squelette, c'est folie.

La routine pourra bien, dans certains cas, suppléer à cette connaissance technique ; mais ils s'épargneraient bien des ennuis, bien des incertitudes, bien des hésitations ceux qui s'adonnent à l'académie, s'ils se familiarisaient, avant tout, avec l'ostéologie et l'arthrologie. Ils ne tomberaient point dans le plus détestable des systèmes mnémoniques, dans le système des longueurs de tête de Jean Cousin, qui réduit à des proportions mathématiques les rapports des diverses parties de l'être humain. Or, Messieurs, je n'admets pas ces lignes de convention scholastique ;

Rien n'est beau que le vrai,

et le vrai, c'est la nature. C'est dans la nature même qu'il faut chercher des moyens mnémoniques. Tous les peuples qui ont dévié de cette route n'ont produit aucune œuvre d'art parfaite.

Poncelin de la Roche-Tilhac, dont vous possédez le magnifique ouvrage sur les chefs-d'œuvre de l'antiquité, le démontre à l'aide d'arguments irréfutables : chez les Egyptiens qui momifiaient leurs cadavres et qui ne permettaient pas d'y toucher, la sculpture, la peinture, le dessin laissèrent toujours à désirer ; tandis que chez les Athéniens, plus artistes, Léonce poussa la délicatesse et l'exactitude, jusqu'à faire distinguer dans une statue la distribution des cheveux, les couches des muscles et les diverses ramifications des veines.

Les monuments laissés par les Athéniens prouvent à l'évidence que les connaissances anatomiques n'ont pas nui au progrès et au développement de l'art chez ce peuple, et j espère être assez heureux, dans cette conférence, pour me faire pardonner cette conviction : qu'une école artistique n'est pas sérieuse si elle ne prend pour base l'anatomie.

Messieurs, me voici, je crois, de l'autre côté du Rubicon, Eh bien ! oui, permettez-moi de vous offrir la main pour vous y faire passer avec moi.

Je crois que l'étude du squelette est indispensable pour les artistes, parce que le squelette imprime à tous les corps humains une forme fixe; parce que les dimensions du squelette règlent les dimensions des diverses parties de l'homme ; parce que les points qui offrent le plus de difficultés sérieuses à ceux qui essaient de représenter les formes humaines sont, au contraire, facilement reproduits par les peintres qui ont une connaissance suffisante des rapports des os entre eux et avec les parties molles qui les recouvrent.

Je ne sais rien de plus sublime, de plus idéal que l'étude les formes humaines par les os.

Voyez cette boite crânienne solidement fermée pour contenir l'organe central de la vie de relation. Chacune de ces bosselures, de ces proéminences a une telle valeur, que Gall a pu créer toute une science, la phrénologie, qui s'occupe spécialement de leur examen.

Si vous négligez de reproduire ces bosselures du crâne, pourrez-vous ne pas tenir compte des formes des traits qui vont être déterminées d'une manière presque absolue par les ouvertures sinueuses que laissent entre eux les os de la face ? Lavater (avec sa *Physiognomonie*), plus puissant que Gall ; après Lavater, Le Brun (avec ses *Caractères des Passions*), réclameraient contre de tels oublis.

Il faut même que vous étudiiez le squelette du crâne aux diverses époques de la vie. Pour ne citer qu'un exemple, comment exprimer d'une manière naturelle l'existence de rides au-dessus de la racine du nez sur le portrait d'une personne d'un certain âge? L'anatomie enseigne qu'il faut augmenter la voussure des bosses nasales, parce que ces bosses, qui s'accroissent avec l'âge, amènent le plissement de la peau à la partie médiane.

L'étude des modifications du squelette donnera encore la cause de la projection de la tête en avant chez les vieillards, projection qui ne dépend pas de l'affaiblissement des muscles, mais du tassement du corps spongieux des vertèbres cervicales.

Je ne fais qu'aborder le sujet et nous voici déjà dans des cas particuliers dignes d'intérêt ; que serait-ce si j'avais le loisir de développer ce thème ! je vous montrerai la cage thoracique où sont renfermés les poumons, le cœur, et dont la face extérieure donne attache à tant de muscles importants : j'appellerai votre attention sur la diversité du bassin, sur les membres si gracieusement reliés au tronc...

Et je pourrai, dans un parallèle rapide, établir que le corps de l'homme ne diffère du corps de la femme que par suite des dissemblances des deux squelettes.

Les os de l'homme sont couverts d'aspérités qui donnent attache à des muscles puissants. Les os de la femme sont arrondis et des saillies peu sensibles indiquent à peine les points d'insertions de muscles délicats.

Vous avez devant les yeux une statue remarquable due à l'habile ciseau de notre collègue M. Aldebert. Cette Vénus est assise ; le coude gauche porte sur la cuisse droite légèrement relevée, et la main gauche soutient le menton avec une grâce que vous appréciez tous. Cette pose, qui n'est pas forcée chez une femme, ne pourrait être prise sans raideur par un homme. Pourquoi donc? parce que la clavicule chez la femme est plus recourbée et plus courte que chez l'homme, ce qui rétrécit le diamètre supérieur de la poitrine et ce qui rend plus antérieure l'articulation scapulo-humérale.

C'est à la disposition particulière que je viens de signaler, de l'articulation de l'épaule, qu'est due, chez la femme, la rondeur élégante du dos. C'est aussi la raison de son inhabileté à lancer les pierres et les boules de la même manière que l'homme.

Le bassin de la femme est plus grand, plus large que celui de l'homme; les articulations des membres inférieurs sont plus antéro-postérieures que celles de l'homme. Il en résulte pour la cuisse, la jambe et le pied des différences notables de lignes, et au point de vue physiologique, des inaptitudes que l'artiste ne doit pas ignorer. La disposition anatomique de l'organe vous permet de concevoir pourquoi la femme ne saurait courir avec la même grâce et la même dextérité que l'homme.....

Vous le voyez, à chaque modification du squelette correspond un changement de formes extérieures et d'attributs fonctionnels.

Vous conviendrez donc avec moi que le squelette est, comme je l'ai dit tantôt, la charpente de l'édifice humain et qu'il importe à l'artiste de le connaître, de l'étudier pour asseoir solidement son œuvre.

Mais autant je recommande à l'artiste de se livrer à l'ostéologie, autant je redoute pour lui l'abus de la myologie.

L'homme est ainsi fait que la connaissance de certaines branches des sciences humaines trouble sa raison. Dès qu'il a acquis ces sciences, il en fait de dangereuses applications. Et cette erreur est d'autant plus facile que les études ont été plus superficielles ou plus systématiques.

Messieurs, il en est des muscles comme des couleurs ; il faut employer ces dernières simples ou combinées, mais rester dans le ton et ne pas tomber dans l'enluminure. Eh bien ! l'école académique est pour moi, permettez-moi le mot, l'école de l'*enluminure musculaire*.

Elle a porté grand tort aux études d'anatomie plastique, parce que, par l'exagération du dessin organique, elle a produit des œuvres peu gracieuses. Examinez froidement ces œuvres, vous acquerrez la conviction qu'elles ne sont pas l'expression du vrai. Le Beau ne consiste pas à montrer tous les muscles du bras en contraction sphéroïdale chez un athlète, mais à indiquer le mouvement synergique qui s'opère dans le membre et le corps à l'instant de la lutte. Le Beau ne consiste pas à séparer chaque muscle de son congénère, mais à faire voir la simultanéité d'action des deux masses fibreuses à demi-cachées sous l'enveloppe (sous le fascia) qui les étreint. On ne demande pas qu'une académie ressemble à l'*Écorché* de Michel-Ange, et c'est au seul instant d'une lutte suprême que l'on admire les formes musculaires d'un *Laocoon* convulsionnées par la douleur physique et morale.

L'*Hercule Farnèse*, tout fier de ses victoires et sur lequel tous les muscles sont à nu, semblerait militer contre mon dire. Ah! Messieurs, ceci n'est plus une statue ordinaire, c'est la représentation de la nature divine telle que la comprenaient les païens ; c'est l'idéal de l'athlète qu'il faut considérer, et nous ne devons pas baser sur un tel chef-d'œuvre notre méthode pour arriver à la réelle reproduction de la nature.

Ce que je dis de l'*Hercule* s'applique à l'*Apollon*, à la *Vénus* qui ont des traits caractéristiques de leur divinité et qui échappent, par cette idéalisation, aux formes humaines.

Il faut rechercher nos modèles en dehors de ces monuments des antiques croyances, et se former l'esprit sur les chefs-d'œuvre qui représentent l'homme dans la vie réelle. Ainsi Poncelin de la Roche-Tilhac dit :

« Tout le monde connaît le groupe de la Villa Ludovici, qui représente un événement célèbre de l'histoire romaine, l'aventure du jeune Papirius. On sait que cet enfant étant demeuré un jour auprès de son père, au Sénat, sa mère le sollicita pour savoir de lui ce qui s'était passé dans l'illustre assemblée. L'enfant discret imagina un moyen pour satisfaire la curiosité de sa mère : le Sénat, dit-il, a délibéré sur la question de savoir si on donnerait deux maris à chaque femme. Jamais sentiment ne fut mieux exprimé que ne l'est, dans ce groupe, la curiosité de la mère du jeune Papirius. D'une main elle caresse son fils, l'autre main est dans la contraction ; elle veut réprimer les signes de son inquiétude prêts à lui échapper. Le jeune Papirius répond avec une complaisance apparente ; mais on s'aperçoit que cette complaisance n'est qu'affectée. L'air de tête est naïf, le maintien ingénu, mais un sourire malin qui n'est pas entièrement formé, parce que le respect le contraint, quatre à cinq muscles mis en jeu sur le visage démentent la naïveté et la sincérité qui paraissent d'ailleurs dans le geste et dans la pose. »

On le voit, en ce cas et toujours, la musculature, partie essentiellement mobile de nos chairs, est destinée à rendre nos efforts et nos impressions. Aux régions où les muscles sont superficiels, où ils agissent sur des tissus peu adhérents aux os, où les vaisseaux amènent du sang en abondance dans le tissu réticulaire de la peau, c'est-à-dire à la face, au cou, les muscles se contractent pour rendre l'impression perçue par le cerveau, ou pour la dissimuler. Aux régions où les muscles sont cachés sous une enveloppe aponévrotique et sous un tissu cellulaire plus abondant, ils font corps avec la peau, et leur contraction amène le mouvement des os auxquels ils s'insèrent et par conséquent un changement d'attitude; ils expriment ainsi les efforts. Mais chaque muscle n'a pas une manière spéciale de se contracter dons telle circontance donnée, parce que l'impression, dans un cas particulier, n'est pas ressentie de la même manière par tout homme. C'est ce que les peintres de mérite ont toujours su apprécier et ce qui est resté inaperçu pour les artistes de second ordre.

Les exemples en faveur de cette loi d'esthétique abondent, et c'est à en démontrer toute la vérité que peuvent servir les mauvaises toiles aussi bien que les œuvres magistrales. M. Lordat, dans son *Iconologie*, parle d'une gravure célèbre d'Antoine Pollajuolo, représentant la *Bataille des Coutelas :* des personnages nus se battent à coups de sabre; tous les individus ont la même expression; ils pleurent avec une grimace uniforme! Faut-il ajouter que, d'habitude, l'artiste qui les voit rit de leurs pleurs.

Pietro Testa, voulant représenter *l'Ascension de Jesus-Christ*, met tous les Apôtres en scène; leurs attitudes sont variées, mais ils pleurent tous de la même manière, comme des enfants qui ont perdu leur toupie.

Quelle différence si on jette les yeux sur la *Cène* de Léonard de Vinci : Jésus est à table avec ses douze Apôtres; il vient de leur dire : « *Je vous assure qu'un d'entre vous me trahira.* » Un des Disciples ne paraît pas entendre cet oracle : il est trop occupé de ses projets; il regarde un étranger qui, de la porte, lui fait un signe d'intelligence, et l'on imagine que c'est Judas. Quant aux onze autres, cette parole produit en eux une profonde indignation; mais ce sentiment s'exprime par des traits fort différents chez chacun d'eux, suivant l'âge, le caractère et les cir-constances. L'un semble craindre que le Maître n'ait eu de la méfiance pour lui, et l'on dirait qu'il est plus occupé de faire connaître son innocence que de montrer l'horreur qu'il a du forfait ; un autre reste dans la consternation qui se compose et du sentiment causé par le fait lui-même et d'un chagrin profond provenant de l'affection tendre qui l'unit au Maître comme parent et comme ami ; un troisième s'écrie comme si un pareil crime lui paraissait impossible ; quelques-uns qui avaient entendu précédemment des bruits de l'infâme projet, et qui peut-être avaient des soupçons sur le traître, parlent entre eux et le désignent. Comme Jésus avait dit que le coupable était le seul qui porterait la main sur le plat en même temps que lui, Judas, distrait, fait le mouvement qu'il faut pour toucher ce vase au moment où le Sauveur fait la même action ; un des Apôtres aperçoit cette coïncidence et il exprime par son geste et son visage l'indignation contre la scélératesse et son auteur.

Ces exemples doivent suffire pour démontrer qu'il est impossible d'exprimer les sentiments par la contraction pure et simple d'un système de muscles, et on comprendra pourquoi je répudie cette anatomie pittoresque, facile, se bornant à signaler que telle masse fibreuse est en jeu dans une passion donnée. La myologie ainsi enseignée est non-seulement d'un faible secours pour la peinture, mais elle peut même nuire au développement du sens artistique. Tandis que si, aux connaissances d'anatomie analytique on joignait des notions de physiologie synthétique ; si on étudiait les modes de contractions musculaires dans les différentes attitudes, les lois des contractions synergiques, les caractères des contractions musculaires dans les di-verses passions, on pourrait en tirer des données précieuses pour l'art.

Pour un tel enseignement, le professeur devrait deman-

der moins au cadavre qu'aux toiles des maîtres ; et ce genre
d'étude, plus en rapport avec les dispositions d'esprit des
artistes, leur serait plus profitable. La vue des modèles
formerait leur esprit; ils n'auraient plus cette envie déme-
surée de faire parade d'érudition anatomique et de placer
en contraction tel ou tel muscle du corps sur un point, parce
qu'il s'y trouve signalé sur l'*Écorché;* ils saisiraient mieux
l'importance des aponévroses, du tissu cellulaire, de la
peau, placés comme un mastic moelleux pour arrondir les
angles, éviter les lignes abruptes et donner à l'ensemble
du corps une délicieuse harmonie de formes et de teintes.
Ils concevraient mieux l'influence du sentiment sur le
système de la vie de relation de l'homme, ce dont ils ne
peuvent avoir qu'une idée fort obscure, si un anatomiste se
borne à indiquer que le biceps se contracte lorsque l'avant-
bras se plie sur le bras. Mais comment se contracte-t-il
dans la colère? comment dans le désespoir? Voilà ce qu'un
peintre doit apprendre et ce qu'un professeur d'esthétique
doit enseigner.

C'est dans cette voie fertile en résultats pratiques que je
voudrais voir s'engager un professeur d'anatomie des
formes, et je suis sûr d'être applaudi par vous si j'exprime
le désir que cette voie nouvelle soit suivie pour la première
fois à Marseille. A Marseille, où l'École des Beaux-Arts
n'a pas encore de cours d'anatomie plastique, tandis que
pareille chaire existe à Lyon, à Bordeaux, à Toulouse, à
Rouen, à Montpellier et à Lille.

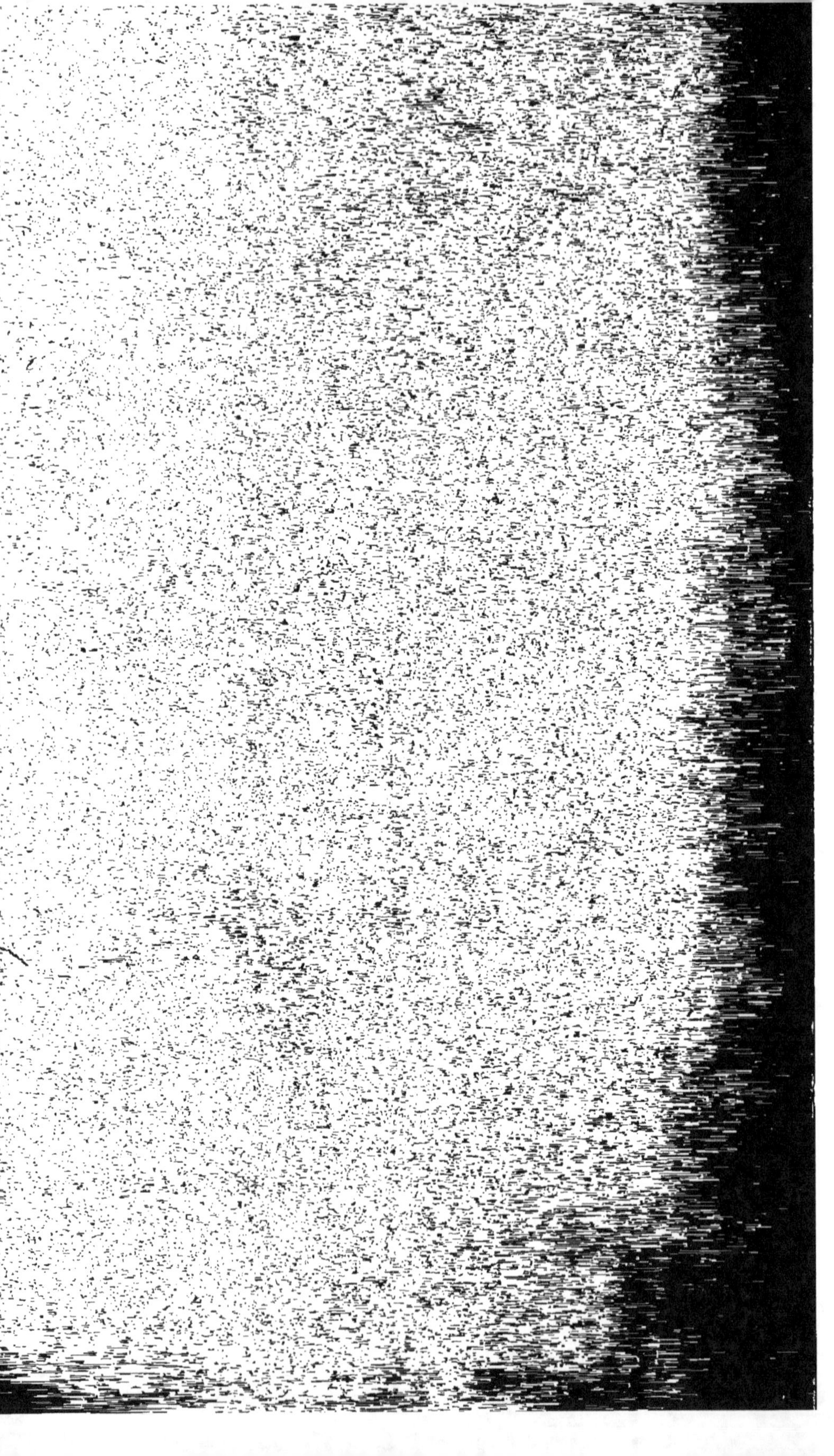